总体国家安全观普及丛书

GUOJIA SHENHAI ANQUAN ZHISHI BAIWEN

国家深海安全知识
百问

本书编写组

人民出版社

前　言

　　习近平总书记提出的总体国家安全观立意高远、思想深刻、内涵丰富，既见之于习近平总书记关于国家安全的一系列重要论述，也体现在党的十八大以来国家安全领域的具体实践。总体国家安全观的关键是"总体"，强调大安全理念，涵盖政治、军事、国土、经济、金融、深海、极地等诸多领域，而且将随着社会发展不断动态调整。党的二十大报告指出，必须坚定不移贯彻总体国家安全观，把维护国家安全贯穿党和国家工作各方面全过程；提高各级领导干部统筹发展和安全能力，增强全民国家安全意识和素养。二十届中央国家安全委员会第一次会议，审议通过了《关于全面加强国家安全教育的意见》。为推动学习贯彻总体国家安全观走深走实，在第九个全民国家安全教育日到来之际，中央有关部门在组织编写科技、文化、金融、生物、生态、核、数据、海外利益、人工智能等重点领域国家安全普及读本基础上，又组织编写了第四批国家安全普及读本，涵盖经济安全、深海安全、极地安全 3 个领域。

读本采取知识普及与重点讲解相结合的形式，内容准确权威、简明扼要、务实管用。读本始终聚焦总体国家安全观，准确把握党中央最新精神，全面反映国家安全形势新变化，紧贴重点领域国家安全工作实际，并兼顾实用性与可读性，插配了图片、图示和视频二维码，对于普及总体国家安全观教育和提高公民"大安全"意识，很有帮助。

总体国家安全观普及读本编委会

2024 年 4 月

C目 录
ONTENTS

篇 二

★ 加强深海环境科学认知 ★

篇 三

★ 提升深海安全科技支撑能力 ★

目 录
CONTENTS

篇 四

★ 推进深海资源可持续利用 ★

篇 五

★ 积极参与全球海洋治理 ★

篇一

全面系统理解国家深海安全

什么是国家深海安全？

　　国家深海安全是指国家坚持和平探索和利用深海，增强安全进出、科学考察、开发利用的能力，加强国际合作，维护我国在深海的活动、资产和其他利益的安全。深海安全作为国家安全的重要组成部分，写入了《中华人民共和国国家安全法》。

> **重点阅读**
>
> 　　党的二十大报告强调，健全国家安全体系。坚持党中央对国家安全工作的集中统一领导，完善高效权威的国家安全领导体制。强化国家安全工作协调机制，完善国家安全法治体系、战略体系、政策体系、风险监测预警体系、国家应急管理体系，完善重点领域安全保障体系和重要专项协调指挥体系，强化经济、重大基础设施、金融、网络、数据、生物、资源、核、太空、海洋等安全保障体系建设。

为什么要维护深海安全？

2014 年 4 月 15 日，习近平总书记在中央国家安全委员会第一次会议上创造性提出总体国家安全观，并强调保证国家安全是头等大事。总体国家安全观强调大安全理念，涵盖了包括深海安全在内的诸多重点领域。我国既是陆地大国，也是海洋大国，拥有广泛的海洋战略利益。当前，我国已连续多年成为全球第一货物贸易大国，是 140 多个国家和地区的主要贸易伙伴，与东南亚、中东、欧洲、非洲、南美和北美的国际货物贸易及国际通信主要通过海上运输和海底光缆传输。我国还是远洋渔业资源利用大国，在国际海底区域拥有 5 块矿产资源勘探合同区。深海安全能否得到有效维护，攸关国家安全和发展大局。

> **● 重点阅读** 　**海洋是高质量发展战略要地**
>
> 　　2018 年 3 月，习近平总书记在参加十三届全国人大一次会议山东代表团审议时强调，海洋是高质量发展战略要地。要加快建设世界一流的海洋港口、完善的现代海洋产业体系、绿色可持续的海洋生态环境，为海洋强国建设作出贡献。

深海安全主要涉及哪些方面？

　　深海安全是国家安全重要组成部分，涉及政治、经济、科技、资源、环境、海外利益、军事等多个领域。随着我国加快构建新发展格局，深海安全的广度和深度不断拓展，国际货物贸易及海上战略通道、国际海底通信等已成为我国与世界各国实现互联互通的重要因素，攸关国家经济安全、科技安全、能源资源安全、通信安全、粮食安全等。

国家深海安全知识百问
GUOJIA SHENHAI ANQUAN ZHISHI BAIWEN

 深海安全面临的风险有哪些?

深海安全一般分为传统安全和非传统安全。前者主要包括海洋政治安全和海洋军事安全；后者主要包括针对海上恐怖主义、海上跨国犯罪、跨海难民流动等海洋社会安全，针对海洋自然灾害、海洋水体污染、海洋生态恶化等海洋环境安全，针对海洋资源争夺、海洋运输通道保障等海洋经济安全。全球范围内的海洋非传统安全问题有增加的趋势。

 如何理解深海安全对国家安全的重要性?

当前，传统安全威胁和非传统安全威胁相互交织。要统筹传统安全和非传统安全，构建包含深海安全在内的各重点领域为一体的国家安全体系。牢牢守住深海安全发展这条底线，在谋划和推进深海发展的时候，善于预见和预判各种风险挑战，做好应对深海安全领域各种"黑天鹅""灰犀牛"事件的预案，高度重视并切实解决深海安全发展面临的一些突出矛盾和问题，不断提高深海安全发展水平。

❯ 重点阅读

　　2013 年 7 月 30 日，习近平总书记在主持十八届中央政治局第八次集体学习时强调，建设海洋强国是中国特色社会主义事业的重要组成部分。党的十八大作出了建设海洋强国的重大部署。实施这一重大部署，对推动经济持续健康发展，对维护国家主权、安全、发展利益，对实现全面建成小康社会目标、进而实现中华民族伟大复兴都具有重大而深远的意义。要进一步关心海洋、认识海洋、经略海洋，推动我国海洋强国建设不断取得新成就。

6 维护国家深海安全的基本要求是什么？

党的二十大报告提出，发展海洋经济，保护海洋生态环境，加快建设海洋强国。当前，我国正处于由海洋大国向海洋强国迈进的关键阶段，对深海安全工作提出了更高的要求。做好深海安全工作，要立足现实，发展海洋经济，推动海洋科技创新发展，保护海洋生物多样性，着力维护好深海利益，加快建设海洋强国，共建海上丝绸之路。同时，还要坚持人类命运共同体理念，主动塑造好深海安全环境，加快构建新发展格局，着力推动高质量发展，为国家安全保驾护航。

> **延伸阅读** 21 世纪海上丝绸之路

2013 年 10 月，习近平总书记出访东南亚时提出共建 21 世纪海上丝绸之路的重大倡议。2017 年，国家发展改革委、国家海洋局发布《"一带一路"建设海上合作设想》，进一步与共建国家加强战略对接与行动，推动建立全方位、多层次、宽领域的蓝色伙伴关系，保护和可持续利用海洋和海洋资源，实现人海和谐、共同发展，共同增进海洋福祉，共筑和谐、繁荣的21世纪海上丝绸之路。

7　如何防范化解深海重大安全风险？

防范化解深海重大安全风险，要坚持以习近平新时代中国特色社会主义思想为指导，深刻认识和准确把握外部环境的深刻变化和我国改革发展稳定面临的新情况新问题新挑战，坚持底线思维，增强忧患意识，提高防控能力，高度警惕"黑天鹅"事件，密切防范"灰犀牛"事件，既要有防范风险的先手，也要有应对和化解风险挑战的高招。

> **重点阅读**

　　2023 年 3 月 30 日，习近平总书记在主持二十届中央政治局第四次集体学习时指出，要善于运用新时代中国特色社会主义思想防范化解重大风险，增强忧患意识，坚持底线思维，居安思危、未雨绸缪，时刻保持箭在弦上的备战姿态，下好先手棋，打好主动仗，对各种风险见之于未萌、化之于未发，坚决防范各种风险失控蔓延，坚决防范系统性风险。

8 如何把握深海安全与其他安全领域的关系？

　　各重点领域风险跨界性强、传导性快，容易相互交织，形成风险综合体。深海安全领域如果防范不及时、应对不力，就会传导、叠加、演变、升级，使小的矛盾发展成大的矛盾，使本领域风险发展成跨领域风险。只有加强前瞻性思考、系统性谋划、整体性推进，才能保持经济持续健康发展和社会大局稳定。

如何认识深海安全与建设海洋强国的关系？

安全是发展的前提，发展是安全的保障。要坚持发展和安全并重，实现高质量发展和高水平安全的良性互动。深海安全是建设海洋强国的题中之义，维护深海安全要着眼于中国特色社会主义事业发展全局，统筹国内国际两个大局，坚持维护国家主权、安全、发展利益相统一，维护海洋权益和提升综合国力相匹配，扎实推进海洋强国建设。

> **❯ 重点阅读**
>
> 　　2018 年 6 月 12 日，习近平总书记在山东考察时指出，建设海洋强国，我一直有这样一个信念。发展海洋经济、海洋科研是推动我们强国战略很重要的一个方面，一定要抓好。关键的技术要靠我们自主来研发，海洋经济的发展前途无量。

我国制定了哪些与深海安全相关的法律制度?

　　我国建立了较为完善的海洋法律体系,与深海安全相关的法律制度涉及海洋管理、海洋开发利用、海上交通、渔业捕捞、海底基础设施、海洋环境保护、海洋科学研究、矿产资源勘探开发和海上活动执法等方面,主要包括《中华人民共和国专属经济区和大陆架法》《中华人民共和国海域使用管理法》《中华人民共和国海上交通安全法》《中华人民共和国渔业法》《中华人民共和国深海海底区域资源勘探开发法》《中华人民共和国海洋环境保护法》等。

 提升深海安全宣传教育的要求是什么?

　　《中华人民共和国国家安全法》第七十六条规定,

国家加强国家安全新闻宣传和舆论引导，通过多种形式开展国家安全宣传教育活动，将国家安全教育纳入国民教育体系和公务员教育培训体系，增强全民国家安全意识。深海安全是每年4月15日全民国家安全教育日的重要话题，通过组织特色鲜明的宣传活动，提升全民深海安全意识，在全社会形成维护深海安全的浓厚氛围。

> **❯ 延伸阅读** 我国海域发现可疑电子设备应
> 如何处理
>
> 　　当在海上捡到或发现可疑的电子装置或仪器时，尤其是外表有境外标识，或者内部装有电路主板和信息发射装备时，一定要及时拨打12339电话举报。该设备可能是他国非法在我境内海域收集发送信号的专用设备，存在危害我国领土安全、海洋安全的风险隐患。

篇二

加强深海环境科学认知

12 什么是深海？

深海主要包括公海和国际海底区域，也包括水深超过 300 米的专属经济区和大陆架等国家管辖海域。

13 为什么要提升深海认知水平？

习近平总书记指出，要进一步关心海洋、认识海洋、经略海洋，推动我国海洋强国建设不断取得新成就。深海对研究地球系统演变、探索人类生命起源具有重要意义，认知深海是保护深海和利用深海的前提，提升深海认知水平是维护深海安全、发展海洋产业的基础。当前人类对海洋的认知主要集中在浅海，对深海的探索需要不断加强。

14 海洋是如何划分的？

　　《联合国海洋法公约》（以下简称《公约》）把海洋划分为法律地位不同的各类海域，包括内水、领海、毗连区、专属经济区、大陆架、公海和国际海底区域。其中，有些海域在自然空间上有交叉和重叠，如毗连区和专属经济区。

> ❯ **延伸阅读**

　　内水是领海基线向陆地一侧的全部水域，是国家领土的组成部分。

　　领海是领海基线向海一侧，宽度不超过 12 海里的海域，包括其上空、海床和底土，是国家领土的组成部分。

　　毗连区邻接领海，其宽度从领海基线量起不得超过 24 海里。

　　专属经济区是领海以外并邻接领海的海域，

其宽度从领海基线量起不应超过200海里。

　　大陆架是领海以外依据其陆地领土的全部自然延伸，扩展到大陆边外缘的海底区域的海床和底土，如果从领海基线量起到大陆边外缘的距离不到200海里，则扩展到200海里的距离。陆地领土向海洋自然延伸如超过200海里，可主张200海里以外的大陆架。

　　公海是不包括在国家的专属经济区、领海或内水或群岛国的群岛水域内的全部海域。

　　国际海底区域是指国家管辖范围以外的海床和洋底及其底土。

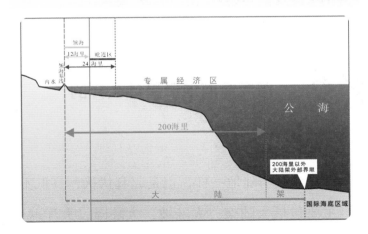

不同海洋区域划分示意图

15　深海环境有哪些特点？

深海跨越不同的气候带，纬度和环陆地带性明显，垂直梯度变化大。与近岸海域相比，深海上层水体的营养盐和生产力普遍较低。随着水深不断增加，阳光被吸收和散射，200 米以深的中下层水体长期处于黑暗环境。深水区具有高压、低温、黑暗无光和食物匮乏等特点，在这里没有光合作用，生物以独特的化能或异养方式代谢。

16　深海海底地形是什么样的？

深海海底与陆地一样，也是起起伏伏、高低不平的，主要包括大陆架、大陆坡、大陆隆、大洋盆地、大洋中脊、海岭和海沟等地形单元。

❯ 延伸阅读　海底地形

大陆坡是陆架坡折线与陆坡坡脚线之间的海底地貌单元，水深约150—4000米，地形向大洋盆地或大陆隆倾斜，坡度通常较大。

大陆隆是大陆坡与大洋盆地之间的缓坡地带，是比较完整的大面积隆起地带，水深约1500—5000米。

大洋盆地，简称洋盆，在大陆坡、大洋中脊、海岭之间，是地势平坦开阔的海底区域，水深一般为4000—6000米，水深超过6000米者称为深渊。

大洋中脊也称洋中脊，是大洋板块扩张中心，地势陡峭，两侧洋底高差一般为500—2000米，大洋中脊上通常发育断裂带、中央裂谷或裂谷。

海岭是位于洋底形态狭长的海底高地，地形崎岖，有较大起伏。

海沟是地形凹陷的巨型地貌单元，是由一个板块向另一个板块俯冲所形成。海沟两侧地形陡峭，通常呈长条形或弧形，水深一般超过5000米。

什么是大洋环流？

　　大洋中的海水就像陆地上的河流那样，长年沿着比较固定的路线流动着，这就是大洋环流。大洋环流主要指表层环流，还包括下层缓缓流动的潜流、由下往上流动的上升流、向底层下沉的下降流，以及温度异于周围海水的暖流和寒流。大洋环流遍布整个海洋，既有主流，也有支流，不断地输送着各类营养物质和能量，使海洋充满了活力。例如，北大西洋暖流和东格陵兰寒流交汇的海域渔业资源丰富，造就了世界上著名的北海渔场。

 什么是温跃层？

　　表层海水易被太阳辐射加热形成薄暖水层，而在太阳光照达不到的海域，是水温较低的厚冷水层，在二者之间通常存在一个水温急剧下降的薄水层，被称为温跃层。温跃层就像屏障，隔离了上下水层，使水温较高的表层海水难以把热量向深水区域传递，温度和密度在温跃层发生迅速变化。温跃层是生物以及大洋环流的一个重要分界面。

19　海水断崖及其危害是什么？

下层海水密度通常大于上层海水，且密度变化相对连续，波动不大。但若上层海水密度大于下层海水，海水密度层出现了不连续且剧烈的跃变，便会形成海水密度跃层，这种情况叫作海水断崖。当某个区域的海水出现密度跃层时，就会导致附近海域活动对象所受浮力出现变化，可能会造成安全隐患。比如潜水器航行时遇到海水断崖，可能会急速下沉，若控制不及时，超过潜深极限，将造成严重后果。

20 深海生物多样性的特征和价值是什么?

　　深海极端环境下生物具有独特的生存策略,形成了高多样性、高稀缺性、高极端适应性的深海生态系统。比如冷水珊瑚可生长在2℃左右的深海环境中,贻贝可适应高温低氧高硫的有毒环境。提高深海生物多样性认知水平,有助于帮助人类了解生命的起源、演化和进化,从而更好地保护和利用深海生物资源。

21 深海典型生态系统有哪些?

　　深海发育着海底热液、冷泉、海山、深渊等典型生态系统,孕育了丰富的生物多样性,具有重要的生态功能和保护价值。热液和冷泉是特殊的化能生态系统,密集分布有贻贝、虾、管状蠕虫等海洋生物。海山是冷水珊瑚和海绵等生物的重要栖息地，为钩虾等小型生物提供了生存环境，具有更多的生物种类和数量。深渊呈 V 字形，有机物质可在此积累，为生物提供食物来源。

海山区冷水珊瑚（上）
和海绵（下）

海底热液生态系统

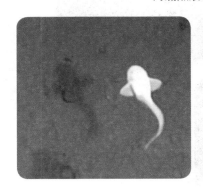 

6000 米太平洋深渊区的狮子鱼（左）和海星（右）

22　深海有哪些濒危物种？

鲨鱼、海龟、蓝鲸等深海物种被列入世界自然保护联盟最新的濒危物种红色名录中。

> **延伸阅读**　**深海濒危物种**

鲨鱼：超过三分之一的鲨鱼物种面临灭绝威胁。如丝鲨主要生活在深度达 4000 米的深水中，是公海渔业中最常见的副渔获物种。

海龟：目前全球共有 7 种海龟，包括棱皮龟、绿海龟、红海龟、玳瑁、太平洋丽龟、肯氏丽龟和平背龟，均为濒危物种。

蓝鲸：被认为是地球上最大的动物，长可达 33 米，重可达 180 吨，广泛分布于世界各大洋，以浮游生物为食，可以潜入 2000 米的深海，受到人类的捕杀、环境污染和气候变化等因素的威胁。

23 什么是黑暗食物链?

在深海热液和冷泉生态系统中,初级生产者(化能自养微生物)、初级消费者(管状蠕虫、贻贝等)、次级消费者(鱼类、蟹类等)以及肉食性鱼类等高级消费者,通过捕食关系建立的食物链,称为黑暗食物链。在这里,化能自养微生物通过利用热液和冷泉流体中的硫化氢、甲烷、氢气等化合物的能量固碳作为营养基础。

24 如何理解"一鲸落,万物生"?

"一鲸落,万物生"是一种自然现象。鲸落是指鲸鱼死亡后落入深海形成的生态系统,与热液、冷泉一同被认为是深海生命的"绿洲"。一头鲸的尸体可以为海洋生物提供食物、栖息地和庇护场所，促进新物种的产生，整个生态系统可维持上百年。2020 年 4 月，我国科学家在南海首次发现鲸落。

我国科学家在南海首次发现鲸落

25 大西洋和太平洋交汇处为什么会泾渭分明？

　　大西洋和太平洋交汇处不仅海水颜色不同，海水的温度和盐度也有差异。大西洋海水温度高，盐度相对较大，海水颜色深；太平洋海水温度和盐度较低，海水颜色浅。温度和盐度的差异导致两洋之间海水密度的差异，使它们不能很好地混合，形成了明显的分界线。此外，由于地球自转、海底地形、海水密度和洋流等因素影响，太平洋海平面比大西洋要高。

什么是深海病毒？

病毒广泛存在于我们日常生活环境中，大海中也有个"病毒库"。深海病毒主要入侵细菌等微生物，没有证据表明会直接侵染人体和其他动植物。海洋病毒形态各异、种类丰富，可以控制微生物群落的组成和代谢模式，参与能量和物质循环，甚至还影响全球气候变化等过程。此外，深海病毒还作为一种重要的生物资源，在医药、农业、食品等领域都有广泛的应用。

如何预防和消除航运带来的有害水生生物入侵风险？

外来有害水生生物和病原体被引入海洋或淡水水道，可能危害当地海洋环境和生物多样性、损害人类健康和财产安全。远洋船舶无控制排放的压载水和沉

积物以及附着在船体上的生物污垢被认为是外来入侵
水生生物传播的主要载体。国际海事组织于 2004 年
通过了《国际船舶压载水和沉积物控制和管理公约》,
致力于减少和最终消除航运带来的有害生物入侵风
险。我国于 2019 年 1 月 22 日正式加入该公约。

深海会发生哪些自然灾害?

　　深海自然灾害是指在深海发生的剧烈环境变化,
给人类生产生活造成重大影响的灾害性事件。海底地
震、火山、滑坡和台风等是常见的深海自然灾害类
型,与海洋大气相关的灾害性现象还有厄尔尼诺现象
和拉尼娜现象。

> **◗ 延伸阅读　海底地震**
>
> 　　海底地震主要发生在大陆边缘和大洋中脊,
> 可造成海底断层、滑坡、海啸等,对海底光缆、

海洋生物以及人类活动造成危害和损失。2004 年 12 月 26 日，印度洋发生里氏 9.2 级海底地震并引发海啸，波及印度洋沿岸 11 个国家，遇难人数约 23 万。

▶ 延伸阅读 厄尔尼诺现象和拉尼娜现象

厄尔尼诺现象是指东太平洋海水每隔数年就会异常升温的现象，大约 5 年发生一次，持续 12—18 个月。当厄尔尼诺现象发生时，我国易出现暖冬，北方地区多高温干旱，南方地区多暴雨洪涝。

拉尼娜现象是指赤道太平洋东部和中部海洋表面温度大范围持续异常变冷的现象，一般出现在厄尔尼诺现象之后，但发生频率比厄尔尼诺现象低。当拉尼娜现象发生时，我国易出现冷冬热夏，登陆台风数量比常年多，出现"南旱北涝"现象。

29　海平面上升的危害是什么?

　　全球气候变暖导致的极地冰川融化和上层海水热膨胀会引发全球性海平面上升。据统计，20 世纪以来，全球平均海平面上升了 20 厘米。近 20 年来，海平面上升速率明显加快，预计到 2100 年可能会升高 0.5—2 米。海平面上升不但会淹没低海拔地区，使台风和风暴潮强度增大、频次增加，还会加剧海岸侵蚀、土壤盐渍化和海水入侵等，严重危及沿海地区人民生命财产安全。

30　海表温度升高的影响是什么?

　　海表温度升高会加快海水蒸发，导致降水增多，台风强度增大，影响海水盐度、酸碱度和溶解氧含量，还会导致海洋层化加剧、初级生产力降低，将对温度敏感的海洋生物产生重大影响。据统计，上世纪 80 年代以来，全球平均海表温度每 10 年上升 0.13℃，预计到 2050 年海表温度将比工业化前上升 1.5℃。

31 什么是海洋酸化？

海洋酸化是指海水吸收了大气中过量二氧化碳，导致海水酸碱度逐渐降低的现象。自工业化以来，海水酸碱度已下降了 0.1 个单位，预计到 21 世纪末还会下降 0.14—0.35 个单位，将接近或低于海洋酸化临界值。海洋酸化加剧将降低海洋贝类和甲壳类动物形成外壳的速度，改变深海生物群落结构，影响海洋生态安全和人类活动。

32　海洋是如何进行碳储存的？

海洋吸收和储存二氧化碳的过程叫作海洋碳汇。海洋储碳的形式有多种，主要通过生物泵、碳酸盐泵和微型生物碳泵"三泵协同"，把海洋中的碳埋藏在海底封存，提升海洋储碳能力，对维持全球气候稳定、保护海洋生态系统、维护人类经济和社会利益等都具有重要意义。

33　船舶水下噪声对海洋生物产生哪些影响？

船舶水下噪声主要由船舶机械噪声、螺旋桨噪声和水动力噪声三部分组成。船舶水下噪声对海洋生物可能产生负面影响，包括干扰海洋生物之间的声学通信和导航，影响海洋生物群体之间的交流和迁徙，损伤其听觉系统，使海洋生物产生应激反应，从而改变其行为和生理状态等。

34 核污水对海洋生态系统的危害是什么？

核污水排放的放射性物质可以在海洋环境中长期存在并随洋流扩散。当放射性物质被海洋生物摄取并进入食物链后将逐渐积累，使海洋生物遭受放射性污染，损伤生物体、破坏海洋生态系统。一旦放射性物质通过食物链进入人体，将对人体健康造成严重危害。

35 海洋塑料垃圾有哪些危害？

海洋塑料污染主要来源于陆源污染、海上倾倒、海上事故掉落等，数量多、难降解、影响周期长，直接危害海洋生态系统健康，已成为全球海洋治理的重要议题。尺寸小于 5 毫米的塑料叫作微塑料，污染源包括人类直接加工生产的塑料微颗粒，以及大型塑料降解或破碎形成的微小塑料颗粒。海鸟、海龟等海洋生物误食微塑料或者海洋塑料碎片会阻塞消化系统，还可能被塑料垃圾缠绕，导致窒息、残疾甚至死亡。此外，海洋塑料垃圾通过洋流汇集成带，缠绕船舶螺旋桨会影响其航行。我国是较早开展微塑料污染研究和治理的国家。

"蓝色循环"　破解"减塑"难题

36 海上溢油有哪些危害？

　　海上溢油主要是由船舶事故、海上油气开发和自然灾害等导致石油泄漏入海造成的，不但造成经济损失，还会污染海洋环境、危害公共安全、影响人类健康。海上溢油可能导致生物窒息，有毒害物质进入海洋生物食物链，对海洋生态系统造成不利影响。石油中含有的苯及其衍生物易挥发，人如果长期暴露在含有该物质的环境中，会出现味觉反应迟钝、头痛、流泪、昏迷等症状。

❯ 延伸阅读　美国墨西哥湾溢油事故

　　2010 年 4 月 20 日，在美国墨西哥湾深水作业的英国石油公司租用的"深水地平线"钻井平台发生井喷，溢出的甲烷引发大火和爆炸。事故导致海底 87 天连续不断喷涌出至少 5.18 亿升原油，造成了墨西哥湾海域前所未有的环境灾难。

❯ 延伸阅读　应对海上溢油的中国举措

　　面对海上溢油污染日益增加的威胁，为完善我国海上溢油污染防治体系，我国出台了《中华人民共和国海洋环境保护法》，建立了一体化的国家溢油污染防治管理体制，成立了国家海上油气应急救援海南基地、国家油气管道应急救援南海基地等机构，对海上溢油污染加以预防、处置和善后。

37　我国保护海洋环境遵循什么理念？

全面贯彻习近平生态文明思想，坚持创新、协调、绿色、开放、共享的新发展理念，正确处理高质量发展和高水平保护的关系，站在人与自然和谐共生的高度谋划发展，通过高水平深海环境保护，塑造发展的新动能、新优势，持续增强发展的潜力和后劲。以海洋命运共同体理念为指引，践行真正的多边主义，科学合理开发利用深海资源，积极促进深海生物多样性养护和可持续利用，增进各国共同福祉。

❯ 重点阅读 保护海洋生态环境

　　2013 年 7 月 30 日，习近平总书记在主持十八届中央政治局第八次集体学习时强调，要保护海洋生态环境，着力推动海洋开发方式向循环利用型转变。要下决心采取措施，全力遏制海洋生态环境不断恶化趋势，让我国海洋生态环境有一个明显改观，让人民群众吃上绿色、安全、放心的海产品，享受碧海蓝天、洁净沙滩。

生态中国　绿满琼崖碧连天

篇三

提升深海安全科技支撑能力

38 为什么要发展深海科技？

　　科技是国家强盛之基，创新是民族进步之魂。科技实力决定着世界政治经济力量对比的变化，也决定着各国各民族的前途命运。习近平总书记指出，"深海蕴藏着地球上远未认知和开发的宝藏，但要得到这些宝藏，就必须在深海进入、深海探测、深海开发方面掌握关键技术"。当前，新一轮科技革命和产业变革突飞猛进，围绕深海科技制高点的竞争空前激烈，已成为大国博弈的主战场。推动深海科技实现高水平自立自强，抢占国际深海科技制高点，是支撑海洋强国建设、实现中华民族伟大复兴的核心关键。

　　"海陆空"寻找湾区新动力："蓝色经济"
破浪前行

39 深海科技发展的主要任务是什么?

　　我国经济发展从高速增长向高质量发展转变,迫切需要全面提升深海科技实力,增强自主创新力,提供高质量科技供给,在更大范围和更高水平上对国家深海安全发挥战略支撑作用。加强深海科技发展领域战略部署,建设重大创新基地和创新平台,完善产学研协同创新机制,强化深海战略科技力量建设。面向国家深海安全重大战略需求,在深海进入、深海探测、深海开发方面发展一批先进技术和装备,推动深海装备向智能化、无人化、信息化方向发展,形成深海全域进入、立体探测和绿色开发能力。

我国深海科考船主要有哪些？

中国在役海洋调查船参加深海科考活动的主要有"大洋一号""大洋号""深海一号"，以及"向阳红"系列、"海洋地质"系列等。"大洋号"等调查船是近十年来自主设计建造的，已成为我国深海科考的主力。

> **延伸阅读** "大洋一号"船

"大洋一号"船被称为大洋科考的"功勋船"，满载排水量5600吨，长度104.5米，宽度16米，最大航行速度16节，巡航速度12节，定员75人。"大洋一号"可以承担海底地形、重力和磁力、地质和构造、综合海洋环境、海洋工程以及深海技术装备等方面的调查和试验工作。从1995年开始，"大洋一号"船先后实施了26个深海综合调查航次，为我国大洋事业发展立下了不朽的功勋。

"大洋一号"船起航执行中国大洋 52 航次科考任务

41 我国深海探测技术装备主要有哪些?

党的十八大以来,我国深海探测技术装备快速发展,取得了系列重大突破,形成了类型齐全的深海探测技术装备体系,部分技术装备国际领先。建成了以"蛟龙"号载人潜水器、"海龙"号无人缆控潜水器、"潜龙"号无人无缆自主潜水器为代表的"三龙"装备体系,"深海勇士"号、"奋斗者"号载人潜水器投入应用,国产船载深水多波束测深系统、深海声学和光学拖曳系统、"海牛"系列深海钻机等装备的技术水平、稳定性和可靠性达到世界先进水平。

> **延伸阅读** "海牛"系列深海钻机

"海牛"系列深海钻机解决了在深海海底超深钻探的世界难题,实现了我国海底钻机技术"从0到

"海牛Ⅱ号"项目首席科学家万步炎(右二)在科考船上为"海牛Ⅱ号"团队讲解钻机设计原理

1"的突破、从跟跑到领跑的跨越。2015年，"海牛Ⅰ号"海底多用途钻机系统在3000米深的海底下钻60米，突破了国际公认难度很大的50米难关，使中国成为世界上第4个拥有该项技术的国家。2021年，"海牛Ⅱ号"海底大孔深保压取芯钻机系统下钻深度达231米，刷新了世界深海钻机的钻深纪录。2023年，我国启动了新一代深海钻机"海牛Ⅲ号"研制工作，力争攻克深海资源与钻探关键技术。

42 深海载人潜水器取得了哪些重大突破?

"蛟龙"号是我国自行设计、自主集成的首台大深度载人潜水器，在自动控制、水下导航定位与通信等关键技术方面取得突破。其研发与应用，实现了中国载人深潜"从0到1"的跨越，为4500米级"深海勇士"号、11000米级"奋斗者"号载人潜水器的研发奠定了坚实基础。2022年11月，"奋斗者"号在马里亚纳海沟 10909 米处成功坐底，创造我国载人深潜新纪录。

"奋斗者"号的万米深潜之路

> **延伸阅读**　"蛟龙"号

　　2002 年，在国家"863 计划"的支持下，我国启动了"蛟龙"号载人潜水器的研制工作。"蛟龙"号载人潜水器，主尺度长为 8.2 米、高为 3.4 米、宽为 3 米，空气中重量约 22 吨，设计最大下潜深度为

"蛟龙"号载人潜水器

7000 米，工作范围可覆盖全球海洋区域的 99.8%。"蛟龙"号载人潜水器在 2012 年进行 7000 米级海试，下潜深度达到 7062 米。

> ❯ 延伸阅读　"深海勇士"号

　　2016 年，我国启动了 4500 米级"深海勇士"号载人潜水器的研制工作，在"蛟龙"号研制与应用的基础上，进一步提升中国载人深潜核心技术及关

"深海勇士"号在南海下潜获重要发现

键部件自主创新能力，降低运维成本，有力推动深海装备功能化、谱系化建设。"深海勇士"号浮力材料、深海锂电池、机械手全是我国自研，国产化率达到95%以上，大大降低了潜水器建造成本。

> **延伸阅读**　"奋斗者"号

　　"奋斗者"号是我国研发的万米载人潜水器。2020年11月10日，"奋斗者"号全海深载人潜水器坐底马里亚纳海沟"挑战者深渊"最深处，创造了10909米的中国载人深潜纪录。2023年3月11日，"奋斗者"号圆满完成国际首次环大洋洲载人深潜科考航次任务，历时157天，航行22000余海里，总共完成了63次有效下潜作业，万米级下潜4次、最大作业水深10010.9米，创造了中国载人深潜单航次下潜次数纪录，"奋斗者"号运维体系日趋成熟、稳定。"奋斗者"号的研制和应用，标志着我国在大深度载人深潜领域达到世界领先水平，为人类探索万米深海提供了一个强大平台。

佛山照明自主研发的深海探照灯应用在"奋斗者"号全海深载人潜水器上，这些深海照明设备可以抗万米海底水压，并提供 10 米至 20 米的照明范围

43 "海斗一号"是什么？有哪些特点？

"海斗一号"全海深自主遥控无人潜水器，是我国拥有完全自主知识产权的全海深水下机器人高技术装备。2020 年 5 月，"海斗一号"成功实施万米海试，

取得新突破，入选两院院士评选的"2020 年中国十
大科技进展新闻"；2021 年 9 月，"海斗一号"开启我
国全海深无人潜水器万米科考应用新篇章，推动我国
跨入"深海探测"新阶段。

44　"悟空号"是什么？有哪些特点？

　　2021 年 10 月 25 日至 11 月 6 日，"悟空号"全
海深无人无缆潜水器在马里亚纳海沟"挑战者深渊"
水域进行了 4 次万米级下潜，最大下潜深度 10896 米，
创造了无人无缆潜水器潜深世界纪录。4 次下潜试验
中，"悟空号"万米水底最长作业时间 149 分钟，定
高 2 米近底航行时间 114.2 分钟，获取了 10896 米深
度剖面的温度、盐度、密度、声速等水文观测数据，
以及 10853 米处水底拖痕的清晰图像。

45 中国载人深潜精神是什么？

2020 年 11 月，习近平总书记致信祝贺"奋斗者"号全海深载人潜水器成功完成万米海试，强调指出，"奋斗者"号研制及海试的成功，标志着我国具有了进入世界海洋最深处开展科学探索和研究的能力，体现了我国在海洋高技术领域的综合实力。从"蛟龙"号、"深海勇士"号到今天的"奋斗者"号，你们以严谨科学的态度和自立自强的勇气，践行"严谨求实、团结协作、拼搏奉献、勇攀高峰"的中国载人深潜精神，为科技创新树立了典范。希望你们继续弘扬科学精神，勇攀深海科技高峰，为加快建设海洋强国、为实现中华民族伟大复兴的中国梦而努力奋斗，为人类认识、保护、开发海洋不断作出新的更大贡献！

46 "蛟龙"号潜航员和"神舟九号"航天员如何实现海天对话？

2012年6月24日，"蛟龙"号载人潜水器3位潜航员在马里亚纳海沟7020米的大洋深处，接受中央电视台现场连线采访，并与在太空执行任务的"神舟九号"3位航天员进行了人类最远距离的海天对话。航天员和潜航员的海天对话以支持母船为媒介，通过电磁波、水声通信等技术手段实现。

47 饱和潜水有哪些应用？

饱和潜水是一种特殊的潜水作业方式，潜水员身体中的氦、氮等惰性气体达到完全饱和，使其能够在高压环境下长时间工作。饱和潜水广泛应用于失事潜艇救援、海底施工作业、水下资源勘探、海洋科学考察等领域。当潜水作业深度超过 120 米、时间超过 1 小时，深潜员一般采用饱和潜水。2014 年我国饱和潜水作业深度达到 313.5 米，2021 年完成 500 米饱和潜水陆基载人实验。

48 船舶自动识别系统在保障海事安全方面有什么重要意义？

船舶自动识别系统（AIS）使用全球唯一的船舶识别码来识别船舶，并通过自动交换船名、船位、船速、航向等重要信息，以增强船舶避免碰撞的能力，对提升水上交通管理、船舶航行安全、水上救助以及应对海上污染等都发挥着重要作用。

49 为什么要发展绿色航运?

　　当前，全球航运进入温室气体减排新时代，船舶排放对环境造成的污染成为国际社会关注的问题。绿色航运是建立在保护地球环境和推动可持续发展的基础上，在确保安全和基本运输功能的前提下，最大限度地减少气候变化影响、空气和水污染以及与传统航

世界航商大会：智能与绿色引领世界航运之变

运相关的其他环境损害，强调航运效益和环境保护的相互协调，促进远洋航运业高质量发展。

如何推进船舶绿色化智能化发展？

在船舶设计、建造、运营、报废等全周期内，大力使用甲醇等替代燃料、燃料电池、混合动力等绿色动力，在船舶制造行业广泛应用信息技术和人工智能技术，重点突破无人驾驶、远程控制、绿色节能等新技术，发展低碳、清洁、智能船舶，尽可能减少对环境的影响，实现资源节约和循环利用。

海洋天然气水合物是如何勘探的？

海洋天然气水合物勘探需要综合运用地球物

理、地球化学、海底光学、海底钻探等技术手段。地震勘探就像给海底地层做"CT"，判断水合物的位置。地球化学探查、海底视像探查就像给海底地层做"抽血化验"，了解水合物的化学成分。深海钻探就像给海底地层做"微创手术"，确定水合物的位置和含量。

> 延伸阅读　**天然气水合物**

　　天然气水合物俗称"可燃冰"，是以甲烷为主的烃类气体与水在高压低温条件下形成的似冰状固态结晶物质。1立方米天然气水合物在标准状态下分解可释放160—180立方米甲烷气体。据估算，全球天然气水合物地质资源量相当于已知煤炭、石油和天然气等化石燃料总资源量的2倍，其中97%分布于海洋水深300—3000米、海底以下1500米范围内的松散沉积层中，被认为是21世纪最具潜力的新型清洁替代能源。

52 深海矿产资源开发技术取得哪些新突破?

我国深海矿产资源开发技术研发起步于上世纪90年代末,经过20余年的发展,已取得重大突破。2021年,我国在南海成功实施1000米级全流程多金属结核采矿系统整体联动试验。近年来,我国倡导发展深海绿色采矿技术,加大科技攻关,取得了重要进展。

53 我国远洋渔业科技取得哪些进展?

我国通过开展公海渔业资源科学调查、参与区域渔业管理组织相关研究、改善升级渔船和捕捞等举措,不断加强科技创新,促进渔业提质增效、转型升级和高质量发展。积极推进远洋渔船机械化、自动化和信息化，加强物联网、人工智能等技术研发和应用，开展北斗智能监控。实施全球重要鱼种资源监测评估，探索编制远洋渔业指标体系，为生产管理和科学养护提供科学参考。

深海智能网箱养鱼打造"蓝色粮仓"

54 如何获取深海遗传资源?

深海遗传资源是指来自深海生物且有实际或潜在价值的遗传材料。深海微生物多样性极高，是深海遗传资源的重要来源。获取深海遗传资源要使用潜水器等高技术装备采集各类生物样品，开展实验室分析研究，深入了解深海生物多样性与开发利用潜力，为深海遗传资源开发利用提供支撑。

55 深海装备能源供给如何实现？

目前深海装备能源供给主要有两种方式：一种是利用支撑母船供电，并通过光电缆将其传输到水下作业的调查装备；另一种是装备自身携带耐压、耐腐蚀的蓄电池，实现装备电能自给。此外，波浪能、海流能、温差能和太阳能等绿色、可再生能源技术的发展有望为深海装备能源供给提供新方案。

56 水下平台如何精确导航定位？

由于海水对电磁波信号的强衰减屏蔽性，深海调查装备无法像陆地调查设备一样直接使用高精度的卫星信号进行定位，通常是利用安装在支持母船或者布放在海底的定位系统，接收卫星或者船舶定位信号，实现装备的精确导航定位。

 为什么要建设深海海底观测网？

　　深海海底观测网是把一系列深海观测设备和传感器等放置到海底，通过海底光缆将这些设备连接组网，并连接到陆地实验室，实现深海关键区域从海底到海面的全方位、综合性、实时立体观测，以及多专业监测数据的综合管理和利用。深海海底观测网是认识和开发深海的重要技术手段，也是深海技术发展的前沿方向。

我国建立常态化深海长期连续观测和探测平台

58 Argo 全球海洋观测网有什么作用？

　　Argo 全球海洋观测网建设是由美国等国家的科学家于 1998 年推出的大型海洋观测计划，旨在快速、准确、大范围收集全球海洋上层的海洋数据信息，支持即时预报和预测服务、科学和政策评估等。目前，Argo 全球海洋观测网主要由 30 多个国家贡献的约 3900 个浮标组成。我国于 2001 年 10 月加入该计划，在太平洋、印度洋等海域布放浮标，为海洋资源的可持续管理和海洋健康提供支持服务。

59 什么是国家海洋预报"芯片"工程？

　　打造海洋领域"芯片"，将海洋科学认知规律转化为计算机可以运行的程序，服务于海洋环境保障业务，是当前最尖端的海洋科技成果之一。自国家海洋预报"芯片"工程启动以来，已初步具备模拟海洋动力环境、海浪、海冰、海洋生态现象等能力，建成的高分辨率全球海洋动力环境预报系统、全球海浪预报系统，针对风暴潮、海啸、海浪等灾害预警报的准确率和时效性达到世界先进水平，为"亚帆赛"等重大海上活动提供了支撑保障。

60 卫星遥感能获得哪些海洋信息？

卫星遥感在海洋环境测量中的应用越来越广泛，可以通过搭载于卫星的传感器对海洋表面进行高精度测量，主要获取海面高度、海表温度、海面风场、海表盐度、海浪、水色等信息，从而实现对海洋环境动态变化的全面监测。同时，还可以通过海洋重力异常数据获得海底地形等信息。

61 我国自主研制了哪些海洋卫星？

2002 年 5 月 15 日，我国第一颗海洋卫星海洋一号 A 卫星（HY-1A）发射升空，填补了在海洋卫星领域的空白，开启了我国自主卫星发展的新纪元。目前我国按照海洋水色、海洋动力环境和海洋监视监测三个系列卫星的规划，先后共发射了 12 颗卫星。在轨运行 11 颗卫星构建的科学观测网，服务于深海科学研究和海洋环境预报等，极大地提升了我国深海活动保障能力。

> **❷ 延伸阅读** 我国系列海洋卫星

海洋水色系列卫星

海洋水色系列卫星是以可见光和红外成像观测为手段的海洋遥感卫星，主要任务是探测海洋水色环境要素和海表温度等信息。我国已发射的"海洋一号"系列卫星包括海洋一号 A 卫星（HY-1A）、海洋一号 B 卫星（HY-1B）、海洋一号 C 卫星（HY-1C）、海洋一号 D 卫星（HY-1D）和新一代海洋水色卫星（HY-1E）。

海洋动力环境系列卫星

海洋动力环境系列卫星采用微波遥感探测技术，能够有效穿透云层、雨层，对海面进行连续观测，主要任务是观测全球海域海面风场、海面高度、海浪波高、海洋重力场、表层海流、海面温度等海洋动力环境信息。我国已发射的海洋动力环境系列卫星包括海洋二号 A 卫星（HY-2A）、海洋二号 B 卫星（HY-2B）、海洋二号 C 卫星（HY-2C）、海洋二号 D 卫星（HY-2D）和中法海洋卫星（CFOSAT）。

海洋监视监测系列卫星

海洋监视监测系列卫星的主要载荷为多极化、多模式合成孔径雷达（SAR），主要任务是大范围陆海表面的精细化观测、海面目标检测和海洋流场测量等。我国已发射的海洋监视监测系列卫星包括高分三号（GF-3）、1 米 C-SAR 01 星和 1 米 C-SAR 02 星。

我国主导或参与了哪些深海领域的国际科学计划?

2021年以来,我国牵头的联合国"海洋十年"大科学计划涉及深海生境、碳排放、海洋预报等领域,主要包括"数字化深海典型生境""海洋负排放""海洋与气候无缝预报系统"等大科学计划。此外,我国还参与了国际大洋发现计划、全球海洋观测计划、国际海洋生物普查计划和大洋中脊研究计划等。

> **延伸阅读** **国际大洋发现计划**
>
> 国际大洋发现计划(International Ocean Discovery Program, IODP, 2013—2024),其前身分别是深海钻探计划(Deep Sea Drilling Project, DSDP, 1968—1983)、大洋钻探计划(Ocean Drilling Program, ODP, 1985—2003)和综合大洋钻探计划(Integrated Ocean Drilling Program, IODP, 2003—2013),是地球科学领

域迄今历时最久、规模最大、影响最显著的国际大科学计划。这一系列计划由全球 20 多个国家共同提供资金、合作支持钻探船在全球海域钻探获取深海沉积物和岩石，研究海洋与气候变化、地球深部动力、深部生命和地质灾害等科学问题，帮助人类更好地理解我们赖以生存的地球。

1998 年，我国正式加入大洋钻探计划（ODP），1999 年在南海首次实施了由我国科学家设计和主持的大洋钻探航次。2014 年、2017 年，我国科学家又先后主持了两个国际大洋发现计划航次，有力推动了我国深海科学基础研究。

❯ 延伸阅读　什么是"数字化深海典型生境"

2023 年，我国联合 39 个国家、64 个机构发起了"数字化深海典型生境"大科学计划，针对联合国"海洋十年"中"数字化的海洋"这一挑战，聚焦海山、洋中脊、陆坡、深海平原等深海典型生境，提高观测、模拟和绘制深海地图能力，构建"观测—

模拟—预测"数字平台，提供"数字化深海生境"图集公共产品，从而促进深海保护与可持续发展之间的平衡。

63 深海科技发展方向是什么？

建设海洋强国必须大力发展海洋高新技术。要依靠科技进步和创新，努力突破制约海洋经济发展和海洋生态保护的科技瓶颈。要搞好海洋科技创新总体规划，坚持有所为有所不为，重点在深水、绿色、安全的海洋高技术领域取得突破，尤其要推进海洋经济转型过程中急需的核心技术和关键共性技术的研究开发。加强原创性、引领性科技攻关，推动深海领域关键核心技术自主可控。构建开放创新生态，主动设计和发起国际大科学计划和大科学工程，积极参与全球海洋治理。

篇四

推进深海资源可持续利用

64 深海资源主要包括哪几类？

深海资源是赋存于深海中，可以被人类利用的物质和能量，以及与深海开发有关的海洋空间，形式多样，资源丰富，按属性可分为矿产资源、油气资源、生物资源、空间资源、海洋能资源等。

我国海上风电开发走向深海再添利器

65 深海资源对保障国家安全有何重要意义？

深海空间巨大，资源丰富，其保护、开发和利用事关海洋强国建设、经济高质量发展、海洋命运共同体构建，对人类社会生存和发展具有重要意义。以深海为载体和纽带的市场、技术、信息等合作日益紧密，积极拓展深海发展空间和资源储备，关系到我国经济安全和国家民族的长远未来。

深海考古正成为中国载人深潜所面临的新命题和新挑战

66 深海矿产资源主要有哪些？

深海海底蕴藏着丰富的矿产资源，主要包括多金属结核、富钴结壳、多金属硫化物、深海稀土等，富含钴、镍、铜、锰、金、银等战略金属。国际海底管理局制订实施了国际海底区域多金属结核、富钴结壳和多金属硫化物资源的勘探规章，并批准了 30 份国际海底区域的矿产资源勘探合同。

❯ 延伸阅读　多金属结核

　　多金属结核资源是指发育在深海海底表层沉积物或紧贴表层沉积物下含有锰、镍、钴和铜的结核矿床。多金属结核与土豆大小相近，多呈球状、椭圆状、菜花状等，广泛分布在水深大于 4000 米的深海盆地区域。

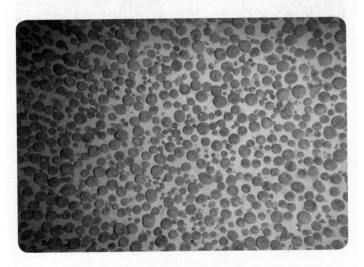

东太平洋克拉里昂—克利珀顿区海底多金属结核

❯ 延伸阅读　富钴结壳

　　富钴结壳资源是指从海水直接析出的沉积到硬

基岩形成的富钴铁锰氢氧化或者氧化物矿床，富含钴、钛、镍、铂、钼、碲、铈等金属和稀有元素，主要分布在水深800—3500米的海山斜坡硬质基岩之上。

西太平洋海底富钴结壳

> **延伸阅读** 多金属硫化物

多金属硫化物资源是指由深海热液作用形成的硫化物矿床及伴生的矿物资源，富含铜、铅、锌、金和银等多种金属元素，主要以点状分布在大洋中脊和弧后盆地区域。

西南印度洋多金属硫化物

❯ 延伸阅读　深海富稀土沉积物

深海富稀土沉积物，也称深海富稀土泥、深海稀土，是指产于深海盆地中的富含稀土元素的沉积物，主要矿石为生物磷灰石，稀土氧化物总量一般超过 0.1%，富含中重稀土，资源潜力远超陆地。全球深海稀土可划分出 4 个成矿带，分别为西太平洋稀土成矿带、中—东太平洋稀土成矿带、东南太平洋稀土成矿带和中印度洋海盆—沃顿海盆稀土成矿带。

67 我国在国际海底拥有多少块勘探合同区？

　　我国在东太平洋、西太平洋和西南印度洋的国际海底区域拥有 5 块勘探合同区，总面积约 23.5 万平方公里，其中多金属结核勘探合同区 3 块，多金属硫化物勘探合同区和富钴结壳勘探合同区各 1 块。中国大洋矿产资源研究开发协会、中国五矿集团有限公司和北京先驱高技术开发有限责任公司等承包者享有专属勘探权和优先开发权。

我国如何规范国际海底矿产资源 勘探开发活动？

2016 年，《中华人民共和国深海海底区域资源勘探开发法》（简称《深海法》）颁布实施，确立了对国际海底资源勘探开发活动的许可制度、环境保护制度、科学技术研究与资源调查制度，建立了相应的管理和监督检查机制，明确了法律责任，对于规范国际海底勘探开发活动具有里程碑意义。为有效实施《深海法》，国务院海洋主管部门制定了《深海海底区域资源勘探开发许可管理办法》等一系列配套制度。

 我国如何管理深海资料和样品？

2018 年，国家海洋局印发《深海海底区域资源勘探开发样品管理暂行办法》和《深海海底区域资源勘探开发资料管理暂行办法》，规定从事深海海底区域资源勘探、开发和相关环境保护、科学技术研究、资源调查活动，应当向指定的管理机构汇交并保证所交样品站位完整、类型齐全，记录真实可靠、符合标准。

 深海油气资源开发对保障国家能源安全有何重要意义？

我国海洋油气资源丰富，对保障国家能源安全至关重要。近 10 年新发现的 101 个大型油气田中，深水油气田数量占比 67%，储量占比 68%，是我国油气资源的重要接替区。2022 年，海洋石油贡献全国石油增产量的 80%，海上油气生产已成为不可或缺的能源增长极。

重点阅读

2022 年 4 月，习近平总书记在海南考察时强调，建设海洋强国是实现中华民族伟大复兴的重大战略任务。要推动海洋科技实现高水平自立自强，加强原创性、引领性科技攻关，把装备制造牢牢抓在自己手里，努力用我们自己的装备开发油气资源，提高能源自给率，保障国家能源安全。

71　我国深海油气资源勘探开发取得了哪些突破？

近年来，我国深海油气勘探开发取得历史性突破。2012 年，我国首座自主设计、建造的第六代超深水半潜式钻井平台开钻，海洋油气勘探开发挺进深海迈出关键步伐，深海油气勘探开发进入快车道。2021 年，我国首个自营的"深海一号"深水半潜式生产储油平台成功投产，标志着海洋石油勘探开发能力全面进入"超深水时代"。2023 年，我国最长 20 英寸深海油气管道铺设完成，深海长输海底管道建设能力和深水装备技术实现重要突破，具备 1500 米水深油气勘探开发能力。

"深海一号"二期项目取得重要进展 "深海一号"大气田年产气超 45 亿立方米

加快形成新质生产力 挺进"无人区" 深海深地找油气

"深海一号"二期工程综合处理平台东西组块吊装完成

72 我国天然气水合物勘探取得了哪些突破？

我国在南海持续实施天然气水合物调查，发现了两个超千亿方级矿藏。2017 年、2020 年在南海神狐海域成功实施两轮试采，创造了产气总量 149.86 万立方米、日均产气量 3.57 万立方米两项世界纪录，为商业开发奠定了基础。

73 我国如何利用远洋渔业资源？

我国始终秉承合作共赢、安全稳定、绿色可持续的发展理念，多渠道、多形式开展共赢合作，坚持走远洋渔业高质量发展道路。我国远洋渔业作业区域主要分布在太平洋、印度洋、大西洋和南极海域。自1985 年远洋渔业起步以来，我国不断统筹推进远洋渔业资源养护和可持续利用，全面履行船旗国义务，严格实施远洋渔业监管，强化远洋渔业科技支撑，加强安全保障，深化国际渔业合作，为世界远洋渔业发展和水产品供给作出积极贡献。

我国保护远洋渔业资源的主要措施有哪些?

我国远洋渔业坚持在发展中保护、在保护中发展，遵守《公约》等相关国际法，积极履行渔业资源养护与管理的国际义务，通过公海自主休渔，严格控制船队规模，强化规范管理，打击非法捕捞，实施观察员制度，切实保护鲨鱼、海鸟以及重点哺乳动物等系列举措，强化渔业资源养护，推进远洋渔业可持续利用。

> **延伸阅读** **公海自主休渔**
>
> 为加强公海鱿鱼资源养护，我国于 2020 年 7 月首次在西南大西洋公海试行自主休渔，9 月在东太平

洋公海实施自主休渔，为期均为 3 个月。2022 年 7 月，我国在印度洋北部公海试行自主休渔，并于 2023 年正式实行。公海自主休渔是我国针对没有国际组织管理的部分公海渔业活动采取的创新性举措，对促进公海渔业资源养护和可持续利用具有重要意义。

75　我国为保障远洋渔业安全采取了哪些举措？

我国持续提升远洋渔业基础设施现代化水平，着眼于安全、环保、可持续和劳工保护等目标，在控制远洋渔船规模的同时，不断改善渔船安全和船员生活环境。鼓励支持远洋渔船更新改造，提升安全性和环境友好水平。高度重视远洋渔船船位监测，加强远洋渔业数据中心系统建设，提高监测能力和服务水平。压实企业主体责任，依法保障包括外籍船员在内的船员工作条件和待遇。加强安全检查和隐患排查，保障渔业船舶航行和渔民作业安全，积极参与全球海上救助。

 合理开发利用深海遗传资源有何意义？

深海遗传资源是战略性新兴产业的创新源头，在工业、农业、环保、医药健康等领域具有潜在商业价值。合理开发利用深海遗传资源，不仅能降低人类活动对环境的影响，提高人们的环境保护意识，还有利于推动深海生物技术创新，更好地造福人类。

77 我国如何利用深海遗传资源？

我国从"十五"时期开始启动深海遗传资源研究，建立了国家级大洋生物基因研发基地和海洋微生物菌种保藏管理中心，丰富了资源储备，大力推进深海遗传资源应用潜力评价，增加了深海遗传资源专利数量，为产业化发展打下了坚实基础。

 海上战略通道主要有哪些?

海上战略通道是大量物流经船舶运输通过的海域，是连接世界经济资源中心的通道，也是诸多海上航线的必经之地和利益交汇之处。马六甲海峡、苏伊士运河、霍尔木兹海峡、巴拿马运河、直布罗陀海峡等海上战略通道是海上贸易和能源运输的生命线。

 为什么要维护海上战略通道安全?

海洋是经济社会发展的重要依托和空间载体，海运是连通各国间经贸联系的纽带和桥梁。当前，海运是各国经贸往来最重要的运输方式，承载了全球90%的货物贸易和65%的石油贸易。我国是全球140多个国家和地区的主要贸易伙伴和全球第一货物贸易大国，约95%的国际货物贸易量通过海运完成。维护海上战略通道安全在保障国际物流供应链畅通、促进世界经贸发展、维护国家海外权益、构建人类命运共同体中发挥着重要作用。

全球主要的海上战略通道

> **延伸阅读** 《中国的军事战略》白皮书提及"海上战略通道"

白皮书明确提出："建设与国家安全和发展利益相适应的现代海上军事力量体系，维护国家主权和海洋权益，维护战略通道和海外利益安全，参与海洋国际合作，为建设海洋强国提供战略支撑。"

80 我国为什么要开展亚丁湾护航？

2008 年 6 月 2 日，联合国安理会通过第 1816 号决议，授权相关国家加强合作，进入索马里海域打击海盗。2008 年 12 月 26 日，我国海军第一批护航编队从海南三亚起航，开始在亚丁湾海盗频发海域执行护航行动，保护航经该海域的船只、人员安全。我国已经执行了 45 批护航编队任务，伴航、护航了 7100 多艘中外商船，解救、接护和救助了 70 多艘遇险中外船舶，有效履行了国际人道主义义务，保护了重要运输通道安全。

守在那片海——海军第 38 批护航编队执行
亚丁湾护航任务

 为什么要维护海底光缆安全?

海底光缆是国际金融和全球通信最主要的信息载

体，承载了全球 99% 的洲际通信数据流量，是发展数字经济的基础。截至 2022 年底，全球国际海缆已达 469 条，总长度超过 139 万公里，跨洲际的海缆皆要穿过深海。除中国香港和中国台湾外，在我国登陆的国际海缆有 10 条，直达美国、新加坡和日本等地。海缆是我国现代化基础设施体系的重要组成部分，其安全畅通攸关国家安全和社会稳定。

 我国规范海缆的法律制度有哪些?

我国颁布实施了《中华人民共和国海域使用管理法》《铺设海底电缆管道管理规定》《海底电缆管道保护规定》《铺设海底电缆管道管理规定实施办法》等相关法律法规、规章，管理规范在我国内海、领海及大陆架上铺设海底电缆、管道以及为铺设所进行的路由调查、勘测及其他有关活动。

83 海洋产业的发展方向是什么？

发达的海洋经济是建设海洋强国的重要支撑。当前，海洋经济成为国民经济新增长点，在扩大内需、破除资源瓶颈、加快新旧动能转换等方面发挥着不可替代的作用。绿色、低碳、环保、智能成为海洋产业发展的主题，以科技创新驱动发展为支撑，提高海洋经济增长质量，不断催生新产品、新模式、新业态，加快发展高端装备、生物制造、新材料等新兴产业，提高海洋产业对经济增长的贡献率。

> **重点阅读**
>
> 2013 年 7 月 30 日，习近平总书记在十八届中央政治局第八次集体学习时强调，要提高海洋资源开发能力，着力推动海洋经济向质量效益型转变。

篇五

积极参与全球海洋治理

为什么要积极参与全球海洋
治理？

　　海洋对于人类社会生存与发展具有重要意义。海
洋的连通性、流动性、开放性，决定了海洋的问题需
要世界各国共同面对，任何一个国家都无法置身事
外、独善其身。我国积极参与全球海洋治理，携手解
决全球性海洋问题，为推动建立公正合理国际海洋秩
序、促进海洋发展繁荣贡献中国智慧和中国方案，构
建人类命运共同体。

> **重点阅读**

　　2017 年 1 月 18 日，习近平总书记在日内瓦出席
"共商共筑人类命运共同体"高级别会议时指出，要
秉持和平、主权、普惠、共治原则，把深海、极地、
外空、互联网等领域打造成各方合作的新疆域，而
不是相互博弈的竞技场。

如何推进构建海洋命运共同体？

2019 年 4 月 23 日，习近平总书记在青岛集体会见应邀出席中国人民解放军海军成立 70 周年多国海军活动的外方代表团团长时，提出海洋命运共同体重要理念，为全球海洋治理指明了方向。我国坚持维护以国际法为基础的海洋秩序，在全球安全倡议框架下妥善应对各类海上共同威胁和挑战，在全球发展倡议框架下科学有序开发利用海洋资源，在平等互利、相互尊重基础上推进海上互联互通和各领域务实合作，维护海洋和平安宁和航道安全，共同构建海洋命运共同体。

全球海洋治理涉及哪些国际条约和国际组织？

全球海洋治理的国际条约主要包括以《公约》为

代表的海洋法，以及《关于执行 1982 年 12 月 10 日〈联合国海洋法公约〉第十一部分的协定》《执行 1982 年 12 月 10 日〈联合国海洋法公约〉有关养护和管理跨界鱼类种群和高度洄游鱼类种群的规定的协定》《国际防止船舶造成污染公约》等分部门、分区域的国际条约，从海底矿产资源勘探开发、公海渔业资源保护和利用、海上船舶航行和污染控制等方面作出了规定，共同构成了各国参与全球海洋治理的国际法基础。依据相关国际条约和文件设立的国际海底管理局、国际海洋法法庭、大陆架界限委员会、国际海事组织、联合国教科文组织政府间海洋学委员会、相关区域渔业管理组织等一系列涉海机构，是全球海洋治理的主要机制，为各国参与全球海洋事务提供了平台。

包括《公约》在内的国际法建立了怎样的全球海洋治理体系？

包括《公约》在内的国际法为全球海洋治理提供

了基本的法律框架，建立了领海、毗连区、专属经济区、大陆架、公海和国际海底区域等制度，明确了各国在深海的权利和义务，为国际海底区域矿产资源、公海渔业等制定了专门的执行协定，规范了公海船舶航行、渔业捕捞、海缆铺设、矿产资源勘探、海洋科学研究等深海活动。

沿海国在专属经济区和大陆架拥有什么权利？

　　沿海国在专属经济区内拥有勘探开发、养护和管理区域内自然资源的主权权利，以及利用海水、海流和风能等经济开发和勘探活动的主权权利，还拥有对人工岛屿和设施的建造使用、开展海洋科学研究、保护海洋环境的管辖权。其他国家在不违背沿海国行使权利的情况下，在其专属经济区可以进行航行、飞越、铺设海底电缆和管道等活动。

沿海国在大陆架上拥有勘探和开发自然资源的主权权利，其他国家未经其同意，不得勘探或开发大陆架上的自然资源。沿海国在外大陆架上开发非生物资源所得的收益，应按费用或实物的比例提交给国际海底管理局。

89 公海制度的主要内容是什么？

各国在公海享有六大自由，包括航行自由、捕鱼自由、飞越自由、铺设海底电缆管道的自由、建造人工岛屿和其他设施的自由、海洋科学研究自由。但这些自由不是无所限制的，要考虑海洋环境保护、公海生物资源养护和管理等条件，还需顾及其他国家行使公海自由的利益。

国际海底区域制度的主要内容是什么？

国际海底区域及其资源是人类共同继承财产，由国际海底管理局代为管理，任何国家、自然人或法人不得据为己有，不得对其主张或行使主权。国际海底区域向所有国家开放，应专为和平目的利用。国际海底区域资源开发活动应为全人类的利益而进行。国际海底区域的法律地位不影响上覆水域或水域上空的法律地位。

我国参加了哪些与深海相关的国际条约？

我国是全球海洋治理的重要参与者、贡献者，全面参与联合国框架下的海洋治理机制。1996 年 5 月，我国批准了《公约》。同时，我国还加入了

《国际海事组织公约》《国际防止船舶造成污染公约》等与海事相关的国际条约，并积极与区域渔业管理组织合作，履行公海渔业资源养护和管理相关规定。

92 国际海底管理局有哪些职能？

国际海底管理局是《公约》设立的组织和控制国际海底区域内活动，特别是管理国际海底区域资源的组织，总部位于牙买加金斯敦，包括我国在内有169个成员。其主要职能是管理国际海底区域内的资源，包括制定勘探、开发规章，对承包者勘探、开发活动进行监督管理，分配从国际海底区域内活动取得的财政及其他经济利益。此外，还承担一些特定职责，包括确保海洋环境不受国际海底区域内活动可能产生的有害影响，保护在国际海底区域内活动的人的生命安全等。

93 我国在国际海底管理局中发挥了什么作用?

我国是国际海底事业的见证者、参与者和贡献者,在促进国际海底管理局(以下简称"海管局")组织制度建设、战略计划实施以及各项业务有序开展等方面发挥了重要作用。我国是海管局理事会 A 组成员,也是会费最大缴纳国。我国与海管局在青岛联合成立中国—国际海底管理局联合培训和研究中心,为发展中国家人员提供深海科学、技术与管理方面的业务培训。

> **❯ 延伸阅读** 中国—国际海底管理局联合培训和研究中心
>
> 2019 年 10 月,自然资源部与国际海底管理局在北京签订了《关于建立联合培训和研究中心的谅解备忘录》,在青岛设立联合培训中心。2020 年 11 月,中国—国际海底管理局联合培训和研究中心揭牌成立。

该中心是我国践行"共商、共建、共享"全球治理理念，积极参与全球海洋治理的重要举措，是我国为促进发展中国家能力建设、推动构建海洋命运共同体作出的重要贡献。截至 2023 年，我国已成功举办两期培训班，来自 36 个国家 80 名学员参加培训。

94　《BBNJ 协定》是什么？

《国家管辖范围以外区域海洋生物多样性养护和可持续利用国际协定》（简称《BBNJ 协定》）是《公约》框架下第三份执行协定。该协定于 2023 年 6 月通过，9 月在纽约联合国总部开放签署，我国是首批签署国。《BBNJ 协定》主要包括海洋遗传资源获取及其惠益分享、包括公海保护区在内的划区管理工具、环境影响评价、能力建设和海洋技术转让等四方面的制度。

> ❯ 延伸阅读　公海保护区

　　公海保护区是指在国家管辖以外区域设立的海洋保护区，旨在为实现特定养护目标，保护珍稀濒危的特定物种以及受威胁的脆弱生态系统，而对一定地理范围内的海洋活动实施管理的区域。

95 我国在《BBNJ 协定》谈判中发挥了什么作用？

　　我国作为负责任大国，始终从人类共同利益和长远利益角度出发，积极推动海洋生态文明建设。在协定谈判过程中，中国作为坚定的务实推动力量，坚定维护《公约》确定的目标和原则，坚持平衡发展与保护，努力构建公平合理的国际海洋法律新制度，推动各方弥合分歧、凝聚共识，既维护了我国海洋权益，又为协定通过作出了积极贡献。

96　什么是"3030 目标"?

2022 年 12 月,《生物多样性公约》第十五次缔约方大会(COP15)第二阶段会议达成了《昆明—蒙特利尔全球生物多样性框架》,为未来一段时间的全球生物多样性治理擘画新蓝图,以实现人与自然和谐共生的 2050 年愿景。该框架在行动目标中指出,到 2030 年至少 30%的陆地、内陆水域、沿海和海洋区域得到有效保护和管理,即"3030 目标"。

97　船舶温室气体减排战略是什么?

2023 年国际海事组织通过的《船舶温室气体减排战略》是国际航运业温室气体减排的纲领性文件。该战略提出在 2050 年前后达到净零排放的目标,同时还设置了两个阶段性目标：到 2030 年，温室气体排放量比 2008 年至少降低 20%，力争降低 30%；到 2040 年，温室气体排放量比 2008 年至少降低 70%，力争降低 80%。

> **延伸阅读** **国际海事组织**
>
> 国际海事组织是联合国负责海上安全航行、防止船舶污染的专门机构，成立于 1959 年，总部位于英国伦敦，有 175 个成员。该组织设有大会和理事会，以及海上安全、法律、海上环境保护、技术合作、便利运输等 5 个委员会和秘书处。其中，理事会由 40 个成员组成，包括 A 类的 10 个航运大国、B 类的 10 个贸易大国、C 类的 20 个地理代表性的海运国家。自 1989 年起，我国连续当选 A 类理事国。

98 我国加入了哪些区域渔业管理组织？

当前，我国已加入的区域渔业管理组织有养护大西洋金枪鱼国际委员会、印度洋金枪鱼委员会、中西太平洋渔业委员会、美洲间热带金枪鱼委员会、北太平洋渔业委员会、南太平洋区域渔业管理组织、南印度洋渔业协定、南极海洋生物资源养护委员会等。

99　我国如何管理公海渔业活动？

我国积极履行相关国际义务，配合国际社会打击非法渔业活动。2020 年，我国在北太平洋渔业委员会注册执法船，正式启动公海登临检查工作，切实履行成员国义务，为北太平洋公海执法提供有力保障。我国严格执行《公约》以及加入的多边渔业协定，按照区域渔业管理组织要求履行成员义务，从总量控制、限制船数、数据收集报送、国家观察员制度等方面全面履行船旗国义务，对尚没有管理的部分公海开展自主休渔，并于 2023 年 6 月 27 日向世界贸易组织递交了中国对《渔业补贴协定》议定书的接受书。

> **延伸阅读** 《渔业补贴协定》

2022 年 6 月 17 日，世界贸易组织第 12 届部长级会议通过了《渔业补贴协定》。该协定适用于海洋捕捞和与捕捞有关海洋活动的补贴，禁止对非法、不报告和不管制捕捞，以及过度捕捞、无管辖海域的捕捞活动进行补贴，限制对挂方便旗的船舶、捕捞状态不明鱼类种群船舶的补贴，设定在发展中国家在专属经济区内履约的过渡期。

100 国际塑料污染防治公约谈判进展如何？

2017 年，第三届联合国环境大会决定设立海洋垃圾和微塑料专家组，研究制定具有法律约束力的国际文书。2022 年 3 月，第五届联合国环境大会将塑料污染关注点从海洋塑料扩展到全部塑料，并通过决议建立政府间谈判委员会，开启了就全球塑料污染防治制定一项具有法律约束力的国际文书进程，计划于

2024 年完成谈判。目前，政府间谈判委员会已经举办了三次会议，谈判涉及塑料制品的全生命周期，包括其生产、设计、回收和处理等方面。

101 我国围绕联合国"海洋十年"计划开展了哪些工作？

我国维护以联合国为核心的国际体系，深度参与全球海洋事务，积极支持联合国"海洋十年"行动，为全球海洋治理贡献中国方案。2022 年 8 月，自然资源部会同有关部门成立了联合国"海洋十年"中国委员会，组织实施和协调推动"海洋十年"相关重点工作。我国倡议发起的数字化深海典型生境、海洋负排放、海洋与气候无缝预报等大科学计划，得到联合国教科文组织政府间海洋学委员会批准。与相关国家和国际组织共同发起《蓝色市民倡议》，提升公众海洋素养，培养关心海洋、认识海洋、为美丽清洁海洋付诸行动的居民。

> **延伸阅读**　联合国"海洋十年"

　　为推动《联合国2030年可持续发展议程》相关目标落实，第72届联合国大会通过决议，将2021年至2030年定为"联合国海洋科学促进可持续发展十年（2021—2030）"（简称"海洋十年"）。"海洋十年"是联合国发起的长期性和全球性的海洋行动计划。它以"构建我们所需要的科学、打造我们所希望的海洋"为愿景，以"推动形成变革性的海洋科学解决方案，促进可持续发展，将人类和海洋联结起来"为使命，助力扭转全球海洋资源环境状况恶化趋势。通过实施"海洋十年"行动，构建一个清洁的、健康且有韧性的、物产丰盈的、可预测的、安全的、可获取的和富有启迪性并具有吸引力的海洋。

我国开展了哪些海底地理实体命名？

　　我国自2010年起开展海底地理实体命名工作，

在我国周边海域、太平洋、印度洋和大西洋命名了近千个海底地名，并出版了相关地图和海底地名图集。迄今我国提出并获得国际海底地理实体命名分委会审议通过的国际海底地名超过 100 个。

103　为什么以海洋命运共同体理念推动全球海洋治理?

海洋孕育了生命、连通了世界、促进了发展。我们居住的这个蓝色星球，不是被海洋分割成了各个孤岛，而是被海洋连结成了命运共同体，各国人民安危与共。深海作为海洋的重要组成部分，其和平安宁关乎世界各国的生存与发展，需要共同维护，推动蓝色经济发展，保护海洋生物多样性，实现海洋资源有序开发利用，实现人与海洋和谐共生。

视频索引

后　记

　　深海安全是国家安全重要组成部分。随着我国推动构建新发展格局的步伐不断加快，深海安全的广度和深度不断拓展。我国既是陆地大国，也是海洋大国，拥有广泛的海洋战略利益。深海安全能否得到有效维护，攸关国家安全和发展大局。习近平总书记高度重视海洋强国建设，作出一系列重要指示批示，强调建设海洋强国是中国特色社会主义事业的重要组成部分。深海安全是建设海洋强国的题中之义。为全面贯彻总体国家安全观，帮助广大干部群众科学认识、主动维护国家深海安全，中央有关部门组织编写了本书。

　　本书由自然资源部牵头，外交部、国家发展改革委、科技部、工业和信息化部、国家国防科工局共同编写。本书编写过程中得到相关单位、专家学者及人民出版社大力支持，在此一并表示衷心感谢。

　　书中如有纰漏和不足之处，还请广大读者提出宝贵意见。

编 者

2024 年 4 月

责任编辑：刘敬文　安新文　祝曾姿

装帧设计：周方亚

责任校对：东　昌

图书在版编目（CIP）数据

国家深海安全知识百问／《国家深海安全知识百问》编写组著 . —

北京：人民出版社，2024.4

ISBN 978 - 7 - 01 - 026509 - 4

I.①国… II.①国… III.①深海 - 国家安全 - 中国 - 问题解答

IV.① P751-44

中国国家版本馆 CIP 数据核字（2024）第 077422 号

国家深海安全知识百问

GUOJIA SHENHAI ANQUAN ZHISHI BAIWEN

本书编写组

人民出版社 出版发行

（100706　北京市东城区隆福寺街 99 号）

中煤（北京）印务有限公司印刷　新华书店经销

2024 年 4 月第 1 版　2024 年 4 月北京第 1 次印刷

开本：880 毫米 ×1230 毫米 1/32　印张：4.125

字数：60 千字

ISBN 978 - 7 - 01 - 026509 - 4　定价：22.00 元

邮购地址 100706　北京市东城区隆福寺街 99 号

人民东方图书销售中心　电话（010）65250042　65289539